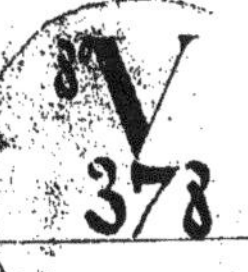

LA VÉRITÉ

SUR

LES INTERMÉDIAIRES

QUI FONT LES MARIAGES

PAR JULES DERIS.

LES AMIS QUI FONT LES MARIAGES. — COMBIEN A-T-IL, COMBIEN A-T-ELLE? — LES MARIEUSES DE PARIS. — L'ENQUÊTE. — COMMENT ON PEUT SE MARIER. — LES CÉLIBATAIRES. — LA PROFESSION MATRIMONIALE. — UN DÉFI.

PREMIÈRE ÉDITION.

PRIX : 3 FRANCS.

EN VENTE
A L'IMPRIMERIE E. CAGNIARD,
Rues Jeanne-d'Arc, 88, et des Basnage, 5.
ROUEN.

1876.

LA VÉRITÉ

SUR

LES INTERMÉDIAIRES

QUI FONT LES MARIAGES.

HOMMAGE

A MA BONNE MÈRE

Juillet 1876.

JULES DERIS.

LA VÉRITÉ

SUR

LES INTERMÉDIAIRES
QUI FONT LES MARIAGES

PAR JULES DERIS.

LES AMIS QUI FONT LES MARIAGES. — COMBIEN A-T-IL, COMBIEN A-T-ELLE ? — LES MARIEUSES DE PARIS. — L'ENQUÊTE. — COMMENT ON PEUT SE MARIER. — LES CÉLIBATAIRES. — LA PROFESSION MATRIMONIALE. — UN DÉFI.

PREMIÈRE ÉDITION.

EN VENTE
A L'IMPRIMERIE E. CAGNIARD,
Rues Jeanne-d'Arc, 88, et des Basnage, 5.
ROUEN.

1876.

DE LA PROFESSION MATRIMONIALE.

De la profession matrimoniale.

La profession matrimoniale est généralement incomprise, souvent calomniée. Mon but, en écrivant ce livre que je recommande à l'attention des chefs de famille et des intéressés, est d'être utile à chacun et à tous en leur indiquant le moyen d'éviter, par le choix d'un intermédiaire spécial et sérieux, les graves conséquences d'un mariage mal assorti. Je ne puis être ni le censeur ni le flatteur des familles; ma mission me commande de dire à tout le monde des vérités utiles, et quelle que soit l'impression produite, si je ne parviens pas à détruire le préjugé que certaines personnes ont encore contre l'intermédiaire qui n'est ni un *parent*, ni un *ami*, il me restera au moins la satisfaction d'avoir offert aux personnes à marier et à ceux qui ont souci de leur avenir, le moyen de les aider dans l'acte important du mariage.

CONSIDÉRATIONS GÉNÉRALES SUR LE MARIAGE.

Considérations générales sur le mariage.

On peut considérer le mariage politiquement, civilement et moralement comme une loi, comme un contrat, comme une institution; loi, c'est la reproduction de l'espèce; contrat, c'est la transmission des propriétés; institution, c'est une garantie dont les obligations intéressent tous les hommes; ils ont un père et une mère, ils auront des enfants. Le mariage doit donc être l'objet du respect général.

La société n'a pu considérer que ces sommités, qui pour elle dominent la question conjugale.

Le mariage n'est pas seulement une nécessité; c'est un devoir, et le célibat un danger pour la paix des familles.

M. Debay auteur d'un ouvrage remarquable sur la philosophie du mariage, dit : « La nature appelle tous les hommes au mariage ; le célibataire est un membre inutile. Le but de l'union matrimoniale est de perpétuer l'existence que nous avons reçue et d'élever les enfants, dans la pratique des vertus afin qu'ils deviennent, un jour, des citoyens utiles à l'état. »

C'est un commandement de Dieu.

« La Bible, dans plusieurs passages, proclame le mariage comme une perfection et le célibat comme un déshonneur. Isaïe nous apprend que c'était une ignominie pour les femmes que de rester filles. »

« Les lois grecques et romaines encourageaient les mariages dans le but d'augmenter le nombre des citoyens; non-seulement elles récompensaient ceux qui avaient beaucoup d'enfants, mais elles sévissaient contre ceux qui restaient dans le célibat et les frappaient d'une amende.

« Les guerriers de ces deux pays étaient mariés et ils vainquirent toutes les nations.

« Les moralistes et les législateurs s'accordent à signaler le célibat non-seulement comme un ennemi juré de la population, mais comme fatal aux mœurs. Ils démontrent, par l'expérience que le mariage rend l'homme plus sage et plus il y a d'hommes mariés dans un Etat, moins il s'y commet de crimes. Ils enseignent en outre, que la volonté du Créateur n'est point qu'on marche seul sur cette terre d'épreuves pour arriver au séjour des élus; que si Dieu a formé l'homme et la femme, c'est au contraire pour qu'ils marchent deux à deux.

« Etudiez ces célibataires, qui courent par le monde comme des êtres égarés de la route tracée par la nature ; âmes pâles et sans chaleur ; cœurs secs pour la plupart, ils ne songent qu'à leur bien-être personnel. Oh ! S'ils avaient pu seulement entrevoir les joies intimes de la famille, le bonheur de voir naître un fils, une fille; s'ils avaient pu deviner les délicieuses émotions de l'homme caressé par sa femme et ses enfants; oh, bien sûr, ils auraient abandonné leur vie froide et décolorée pour une vie rayonnante d'amour.

« Observez ces vieillards célibataires, délaissés, inquiets, se promenant solitaires avec les soucis au front et le regret au cœur, ils n'ont point éprouvé les saintes affections de la famille.

« Les voilà à la merci de serviteurs intéressés ou d'une gouvernante qui les vole et les gronde, qui s'érige en maîtresse et leur impose ses volontés. S'il leur arrive quelques rares visites ce sont des neveux ou des collatéraux venant s'informer si la mort n'a point encore saisi sa proie. Alors ils sentent tout le vide de leur existence passée ; les tendres sollicitudes d'une épouse, les naïves caresses d'un enfant ne réchaufferont pas leurs joues glacées : Une main amie ne doit point leur fermer les yeux !

« Oh ! s'ils pouvaient recommencer la vie, bien certainement ils choisiraient une épouse ; mais il est trop tard ; ils pleurent le cruel abandon dans lequel ils s'éteignent, maudissent le célibat et tristement disparaissent dans la tombe.

« Ces considérations sont assez puissantes pour engager les gouvernants à encourager les mariages de tout leur pouvoir, et à les favoriser. »

LES AMIS
QUI FONT LES MARIAGES.

Les amis qui font les mariages.

Vous connaissez ce mot universel : ami !

Qui n'a pas un ami, des amis ? Cependant, l'épreuve d'une longue existence suffit à peine pour être convaincu d'en avoir rencontré un seul dont la loyauté, le dévouement et la fidélité soient toujours restés à l'abri d'un reproche ou d'un soupçon.

L'ami a un sourire pour toutes les joies, une larme pour toutes les douleurs, une consolation pour toutes les misères, une excuse pour toutes les infortunes, un encouragement pour toutes les espérances... Et il a surtout un mariage à offrir !

S'il faut réfléchir avant de suivre les conseils d'un ami, c'est particulièrement dans l'indication d'un mariage. Trompé lui-même par les apparences, il égare son ami en lui désignant un parti sur lequel il possède des renseignements incomplets.

Les preuves de cette coupable insouciance se produisent tous les jours.

Je cueille au hasard un exemple dans les nombreux documents de l'office que je dirige.

Lettre de M. Octave de P... à son ami Maurice de Saint-X..., fonctionnaire.

Le 15 octobre 187...

« Mon cher ami,

« Nouvelle importante à te communiquer.

« J'ai rencontré hier à la soirée du Préfet une « adorable brune. Tout réuni : âge, beauté, « nom, fortune.

« J'ai pensé à ta recommandation ; sans per- « dre un instant, je te fais part à la hâte de « cette précieuse découverte. Viens me re- « joindre demain par le premier express à la « bifurcation de D... Ma tante Louise de C..., « qui connaît la famille, pourra te présenter « dans la soirée ; les prétextes de cette intro- « duction précipitée seront faciles à trouver.

« Ne perds pas une minute ; c'est une « étoile qui pourrait filer.

« Ton tout dévoué,

« Octave de P... »

M. de Saint-X... ne se fit pas prier ; il fut exact au rendez-vous, et sa présentation à la famille par la tante de C... fut décidée pour le lendemain.

Il fut cordialement accueilli grâce à ses avantages physiques, à sa position distinguée que la tante Louise de C... fit ressortir auprès de la famille de K... sur laquelle elle possédait une grande influence.

Trois semaines plus tard on se préoccupait déjà de la corbeille et du voyage de l'hyménée. Il ne restait plus qu'une simple question à résoudre ; c'était la plus importante : le chiffre de la dot !

M. Octave de P... avait dit à son ami que la famille de K... était fort riche. Tout semblait annoncer son opulence par le luxe de l'hôtel, la richesse des toilettes et des équipages. Convaincu par cet étalage, la déclaration de son ami et surtout les beaux yeux de Mlle Blanche de K..., le Fonctionnaire allait se contenter de ces preuves trop superficielles.

Mais le père du fiancé, plus soucieux que son fils de la question d'intérêt, pria le notaire de prendre des informations sur la fortune de la famille de K... Il était temps! L'officier ministériel découvrit que cette famille était à peu près ruinée, et que des emprunts hypothécaires grevaient toutes ses propriétés.

Ces renseignements trop tardifs firent rompre le mariage, et M. Maurice de Saint-X... exprima à son ami Octave tout le mécontentement que lui faisait éprouver cette retraite que sa prévoyance aurait dû lui épargner.

Quelque temps après cette déconvenue, je reçus la lettre suivante :

MINISTÈRE
d
—
CABINET
du

A....., le 15 juin 187...

« Monsieur,

« Je viens de lire votre annonce, ci-jointe,
« dans le *Figaro* :

MARIAGES RICHES.

PROPOSITIONS POUR TOUTES LES FORTUNES
aux personnes honorables.

RENSEIGNEMENTS SUR LES PERSONNES A MARIER.

« J'ai 35 ans, j'appartiens à une famille
« considérable bien connue dans la magistra-

« ture et les Finances, vous pourrez vous « renseigner à l'Armorial de la Noblesse de « France sur mes titres. Mes armes sont : de « sable à deux étriers d'or, un en chef, deux « en pointe.

« Couronne : de comte, supports : deux lé- « vriers.

« Ancienne noblesse de Bretagne, ma fa- « mille a été maintenue par ordonnance du « mois de juin 167... rendue par M. de L...., « intendant de cette province.

« Vous trouverez la filiation, les alliances et « les preuves dans le catalogue de la Noblesse « de 1789, à la section des Titres de la Biblio- « thèque nationale.

« Je suis fils unique ; mon traitement actuel « et la dot que j'apporterai sont de 40,000 fr. « de rentes et, comme espérances, un mil- « lion.

« Un ami m'a fait avoir une déception il y a deux mois, qui m'avait fait renoncer au mariage. C'est pour éviter une déconvenue de cette nature que je m'adresse à votre office.

« Votre annonce me paraît sérieuse, mais avant de vous faire connaître mes prétentions pour le parti que je recherche, je désire être renseigné sur votre façon de procéder.

« Veuillez agréer, Monsieur, l'assurance de ma considération la plus distinguée.

« Maurice de Saint-X... »

P. S. — « Pour éviter toute indiscrétion ou une erreur qui pourrait être regrettable, adressez-moi vos lettres comme suit :

M. Gontran,

(Poste restante).

Et donnez-moi vous-même une autre adresse que celle de votre Agence. »

. . . .

Je répondis aussitôt à M. le Fonctionnaire :

Paris, le 15 janvier 1876.

Monsieur,

Je m'empresserai de donner suite à la demande dont vous voulez bien m'honorer dès que je me serai entouré de toutes les précautions de prudence, de délicatesse qu'il faut apporter dans l'accomplissement d'un acte aussi important.

Pour satisfaire votre désir, je vais vous donner quelques explications sommaires sur ma façon de procéder, dont vous saurez apprécier, je l'espère, le caractère sérieux.

Je ne suis l'ami de personne dans la négociation d'un mariage, que l'on soit Ministre ou employé, Préfet ou garde-champêtre, Général ou sous-lieutenant et je ne m'en occupe qu'après avoir constaté préalablement la valeur des déclarations qui me sont faites, sur l'honorabilité, la fortune, la religion et la santé de ceux qui sollicitent mon intervention.

Mon enquête est faite de façon à n'éveiller les soupçons de qui que ce soit ; ce mécanisme est un des côtés mystérieux de mon institution. C'est une affaire d'intelligence et d'organisation. Tous mes agents et les auxiliaires que j'emploie sont sûrs ; ils ont comme moi, l'habitude, l'expérience et des moyens d'action qui défient toute surprise ou la découverte de leur profession. Avec de tels éléments il m'est facile de marier toutes les personnes honorables d'un bout à l'autre de la France.

« Ainsi, dans les conditions où vous vous

« trouvez comme âge, nom, fortune, avec le « rang distingué que vous occupez, et vos « espérances, vos prétentions peuvent être « celles-ci : Une jeune personne de 17 à 25 ans, « d'une famille honorable (avec ou sans titre « à votre choix) aussi belle que possible, « instruction, distinction irréprochables et « comme dot (au minimum) cinq cent mille « francs et comme avenir, un million.

« Telle est la proposition que je puis vous « faire dès maintenant :

« Dès que vous m'aurez fixé sur vos exi- « gences et que j'aurai fait votre connais- « sance, une présentation aura lieu sans que « la famille de la jeune fille puisse découvrir « mon intermédiaire ; et, ce qui peut vous « paraître un problème difficile à résoudre « aujourd'hui, vous semblera la chose du « monde la plus naturelle quand je vous aurai

« expliqué dans notre entrevue, les secrets « de l'art matrimonial.

« Veuillez agréer, Monsieur, l'expression « de mes civilités distinguées. »

J. D.

« P. S. — Vous pouvez, selon votre recom- « mandation m'écrire ou me télégraphier à « cette adresse : M. Ali Bey, n°..., faubourg « Saint-Honoré, Paris. »

Mon enquête me fit acquérir la certitude que M. de St X... m'avait dit la vérité sur sa situation. Il ne me restait plus qu'à faire sa connaissance.

Pour mieux le juger, je résolus de lui rendre visite sans l'avertir.

Je me fis annoncer comme l'un des représentants du crû de Zucco, propriété du duc d'Aumale. Le nom du propriétaire et la réputation du fameux vignoble me valurent une prompte introduction.

Après une demi-heure de conversation sur les vins les plus recherchés, je reçus la promesse d'un ordre à mon prochain passage. C'est le mariage en perspective qui m'avait sans doute valu cette consolation.

— Votre promesse vaut une commande sur laquelle je compte, dis-je à M. de St-X., permettez-moi de vous remercier de votre bienveillant accueil et de vous demander quelques renseignements complémentaires au sujet du mariage dont je m'occupe pour vous. Puis, je sortis de ma poche un dossier que je lui présentai pour me faire reconnaître.

Vous devez juger, lecteur, de la stupéfaction du Fonctionnaire, et point n'est besoin de vous affirmer que l'audience qui venait de se terminer pour le représentant de commerce continua pour l'agent matrimonial.

M. de St-X... trouva ma plaisanterie sérieuse et nous causâmes du futur mariage.

.... Quelques mois plus tard il épousait une ravissante personne du meilleur monde âgée de 21 ans qui lui apportait en dot six cent mille francs, et huit cent mille comme espérances.

Pour arriver à la réalisation de ce mariage j'avais employé :

Un officier ministériel ;

Deux membres du clergé ;

Une institutrice ;

Un docteur en médecine ;

Deux dames.

Je me suis servi de toutes ces personnes comme intermédiaires, sans qu'aucune d'elles ait pu soupçonner qu'elle servait d'instrument à un agent matrimonial.

Si ce livre tombe par hasard sous leurs yeux, elles pourront rire, je le suppose, mais elles ne me blâmeront pas d'avoir fait le bonheur des jeunes époux et de leur famille.

Au mois de janvier 187... je rencontrai à Nice les nouveaux mariés sur la promenade des Anglais. M. de St-X. me salua; il dût dire à son épouse : ce Monsieur est un représentant pour les vins de Zucco.

Il me serait facile de multiplier les citations pour prouver la légèreté avec laquelle les parents et amis procèdent dans les mariages; l'exemple que je viens de citer est bien fréquent. Lorsque la négligence, l'indifférence, ou l'imprévoyance sont les seules fautes qu'on puisse reprocher à un mariage mal assorti, ceux qui en sont victimes ont droit, à juste raison d'en être mécontents; mais lorsqu'il y a préméditation et calcul pour dissimuler un défaut physique, une infirmité, une maladie incurable, ou cacher de mauvais antécédents, ceux qui se font les intermédiaires de semblables mariages sont des misérables parce qu'ils précipitent dans l'abîme du chagrin avec ses conséquences, deux êtres qui ne devaient jamais se rencontrer.

De là l'importance considérable qu'on doit attacher dans l'enquête; je le démontrerai dans un autre chapitre.

COMBIEN A-T-IL?

COMBIEN A-T-ELLE?

Combien a-t-il?
Combien a-t-elle?

Le chansonnier a raison : On recherche, on adore le veau d'or.

Combien a-t-il ?
Combien a-t-elle ?

De nos jours les Rois n'épousent plus les bergères, et le mariage est devenu en général une affection notariée avant d'être une question sympathique.

« Tous les parents, dit Debay, cherchent à marier le plus avantageusement leurs enfants sous le rapport matériel, c'est-à-dire de la fortune ; mais il est de leur devoir de ne pas oublier le côté moral et de ne jamais insister lorqu'il y a antipathie prononcée d'un être contre l'autre. Employer son autorité pour former un tel mariage est une violence dont les suites sont toujours funestes.

« Lorsque le parti ne semble pas convenable, le devoir des parents est de faire usage de leur expérience et de leur lumières, d'employer tous les moyens que leur suggèrent la tendresse et la raison, afin d'éclairer les jeunes gens et de les faire renoncer à un mariage dont ils se repentiraient plus tard.

« Ils doivent leur démontrer, avec calme et sollicitude, que l'acte sérieux du mariage réclame pour l'avenir des sentiments plus durables que celui de l'amour ; que l'estime et l'amitié doivent le précèder ou au moins l'accompagner. Ce n'est qu'après avoir épuisé inutilement tous ces moyens qu'ils doivent faire valoir leur autorité. Mais dans aucun cas, cette autorité ne doit être arbitraire.

« Les enfants ne sont ni une propriété ni une marchandise qu'on puisse aliéner ou troquer contre une dot ou un titre. Les jeunes gens arrivés à l'âge de majorité sont appelés à leur tour à devenir chef de famille ; la loi, qui les considère comme des citoyens, a dû les protéger contre les envahissements et les abus de l'autorité paternelle, et par l'acte, *sommations respectueuses*, leur octroyer le droit de contracter mariage contre la volonté de parents inflexibles.

« Le manque de fortune, lorsque les qualités morales existent, n'est pas un motif suffisant pour s'opposer au mariage de deux êtres qui s'aiment et se conviennent.

« Les parent riches qui refusent leur fille à

un garçon peu fortuné, mais honorable, pour la donner à un autre qui apporte un peu d'or, commettent un abus d'autorité ordinairement suivi de malheurs irréparables ; car les sentiment d'amour et d'estime que la femme avait pour l'homme qu'on lui refuse, ne s'effaceront point ; elle y pensera toujours et cette pensée fera le chagrin de sa vie.

« Les parents avares et intéressés devraient avoir devant les yeux le bel exemple donné par Thémistocle.

« Deux partis se présentaient pour sa fille ; l'un riche, l'autre pauvre. L'illustre Athénien, après avoir consulté le goût de sa fille, prononça ces sages paroles : « J'aime mieux un homme sans argent que de l'argent sans homme. »

Si l'autorité paternelle sur les mariages offre des avantages, elle a aussi des inconvénients que nos lois ont cherché à effacer ; cependant, il reste encore quelque chose de ce préjugé si fort enraciné autrefois, et qui fit le malheur de tant de jeunes personnes.

Les parents nous dira-t-on, ne heurtent les inclinations de leurs enfants que dans l'intérêt de leur position, de leur fortune, de leur avenir. Mais ne peuvent-ils point se tromper ? le bonheur est-il toujours une denrée qui s'achète avec de l'argent ?

« Chaque âge apporte une modification aux idées, aux goûts de l'individu et lui fait observer le mariage sous des phases différentes.

« La jeunesse n'y voit que le bonheur de posséder l'objet aimé ; l'âge mûr, plus positif, veut faire servir le mariage à ses projets ambitieux ; la vieillesse avare et glacée dont le cœur est désormais fermé aux tendres émotions d'amour ne tient aucun compte des sympathies qui existent entre deux individus ; elle ne s'occupe que du bien-être matériel et ne s'arrête qu'à la fortune.

« Or, si on laissait à la vieillesse le soin de faire des mariages, ce seraient toujours des mariages d'argent. Si dans la jeunesse, le seul âge de la vie où l'avarice n'ait pas d'empire sur l'homme, on empêche l'homme riche de se marier avec la fille pauvre et réciproquement, on s'oppose évidemment à ce qu'il y ait des heureux de plus. Mais tout les parents ne sont point des vieillards ou des ambitieux aveugles et c'est particulièrement aux jours de passion amoureuse que leur autorité guidée par la sagesse devient nécessaire pour s'opposer à un mariage d'inclination, s'ils jugent qu'il sera malheureux. Ils doivent le favoriser, au contraire, lorsque les conditions d'éducation et de moralité du parti aimé, leur font prévoir que l'union sera heureuse.

« Un refus dans ce dernier cas les rendrait doublement coupables : d'abord, envers leurs enfants dont ils brisent le bonheur ; ensuite, envers la société, parce que l'être marié à un être qu'il n'aime pas, se livre tôt ou tard à l'objet de ses premiers amours, et c'est ainsi que se propagent les désordres dans les jeunes familles, c'est ainsi que le mariage devient un supplice, une source de scandales.

Un poëte a dit :

Le mariage est un lien,
Dont bien souvent, le cœur n'est point le gage ;
Car on ne s'attache qu'au bien,
Sans faire attention au caractère, à l'âge ;
Ce qu'on appelle un bon parti
N'est pas toujours ce que l'on pense ;
Plus une fille est riche et plus par sa dépense,
Elle est à charge à son mari.

Le docteur Ménestrel dit « que la société actuelle a laissé bien loin le but naturel du mariage. S'il était permis à la législation de réformer les coutumes, de corriger les actes de la vie, elle aurait beaucoup à faire pour l'amélioration des mariages car de nos jours ils ne sont plus que des trafics d'argent. »

Est-il, ou est-elle riche ?

« Voila l'unique pensée qu'on ait, la seule information qu'on prenne d'abord. Les sentiments généreux, les bonnes actions ne constituent pas une dot ; les belles qualités n'étant point considérées comme un des éléments du bonheur on n'y prête aucune attention. »

De tous les actes du mariage il n'en est peut-être pas de plus important que celui du contrat.

Les parents ou les futurs époux devraient toujours dès les premières ouvertures, s'entendre sur le contrat et sa forme, pour s'éviter les regrettables inconvénients qui résultent d'une rupture au dernier moment parce qu'on a négligé de débattre cette grave question d'intérêt et d'avenir d'une façon complète.

Par excès de délicatesse pour ne pas blesser la susceptibilité de la famille ou des futurs, on agite cette question à la dernière heure, chez le notaire, et les propositions ne pouvant plus être acceptées de part ou d'autre, on se sépare la veille du mariage.

Est-il une déconvenue plus désagréable pour une jeune fille, quand la rupture arrive après de longs mois d'attente, alors que l'affection est née dans son cœur, et que croyant arriver au but de son rêve, elle le voit s'évanouir en sortant de chez le notaire, par suite de la négligence inexcusable de ceux qui n'ont pas débattu préalablement les questions d'intérêt !

L'ENQUÊTE.

L'Enquête.

Une enquête doit être faite aussitôt la demande; c'est le point essentiel. L'admission et la présentation d'un solliciteur dans une famille ne devraient jamais avoir lieu sans cette précaution capitale.

Dans l'état actuel de notre société, où l'amour de l'argent est à son apogée, où le désir de la richesse est si vif, le goût du luxe et du bien-être si prononcé, le plus grand nombre des individus ont substitué le langage du mensonge à la vérité.

Il importe, par conséquent, de se livrer aux recherches les plus sérieuses, aux investigations les plus minutieuses pour bien connaître le solliciteur ou la sollicitée; la famille, ses antécédents, sa fortune, ses relations, sa religion, voire même ses opinions politiques.

Tout doit être découvert, parce qu'il faut tout prévoir.

Cette enquête minutieuse, consciencieuse, exige autant de tact que d'habileté et ne peut être confiée qu'à un mandataire ayant les aptitudes nécessaires.

C'est dans ce cas que les services d'un agent spécial peuvent être avantageusement utilisés. L'Agent matrimonial, rompu au mécanisme des mariages, a des moyens et des ruses qui échappent aux personnes qui n'en font pas une spécialité.

Il a à sa disposition une police secrète, discrète qui s'infiltre, se faufile partout, et il est tenu par un engagement d'honneur à communiquer tout ce qu'il recueille aux familles intéressées qui le chargent de prendre des informations. Rétribué dans sa profession, il se soucie peu du mécontentement de Pierre ou de Paul, et, pour découvrir la vérité, il ne doit reculer devant aucun moyen.

Il y a deux ans, je fus chargé par une personne de haute considération de prendre un renseignement pour un mariage dans le Midi de la France.

La famille de la jeune fille à marier, craignant d'éveiller des soupçons de défiance du côté des parents du futur s'était adressée à moi. Il était déjà un peu tard! la fréquentation des jeunes gens et les réceptions réciproques duraient depuis un mois.

Le fiancé avait été présenté aux parents de

Mademoiselle par un *intime,* appuyé des meilleures recommandations.

Une lettre anonyme fit naître des soupçons chez les parents de la jeune fille.

Mon enquête dura environ un mois pendant lequel j'avais pu suivre la piste et les moindres incidents de l'existence et des antécédents du jeune homme et de la famille que leur industrie avait obligée à de nombreux déplacements.

J'envoyai un dossier complet avec des preuves incontestables qui eût rempli les colonnes d'un journal anglais.

C'était un véritable roman que la vie du jeune homme, et ses parents n'étaient pas à l'abri de tout reproche.

La déception de la famille et de la fiancée fut complète et le mariage fut rompu.

Je reçus une gratification qu'accompagnait

une lettre des plus élogieuses, et je fus chargé du mariage de Mademoiselle qui épousa un magistrat, dans la même année, par mon intermédiaire.

Ce simple récit ne démontre-t-il pas la nécessité de ne reculer devant aucun moyen pour faire une sévère enquête avant le mariage?

LA PROFESSION MATRIMONIALE.

La Profession matrimoniale.

La profession d'agent matrimonial est honorable. Elle est reconnue par les Tribunaux qui la jugent avec la même impartialité que les autres.

Ceux qui l'entreprennent avec conscience et loyauté rendent des services très-grands à la société.

Moins répandue à cause de son caractère spécial, on est porté, en province particulièrement, à la critiquer, à la blâmer même, parce qu'on lui suppose un rôle absolument mercantile.

Cette profession n'est pas une sinécure.

Il n'existe peut-être pas de carrière plus ardue pour l'imagination et l'intelligence les mieux exercées. Le cerveau d'un homme qui s'occupe de politique ou de la découverte du mouvement perpétuel, ne saurait être plus rempli.

La variation continuelle des affaires, les combinaisons longuement méditées ou spontanées absorbent tous les instants. Du matin au soir l'esprit est fouetté par le remède ou le mal occasionné par la direction de plusieurs négociations à la fois. C'est de la stratégie où l'intrigue, la ruse, l'habileté sont constamment en jeu. Peu de sommeil et rarement une véritable distraction qui puisse occuper l'esprit toujours au travail.

Telle est l'existence vraie de l'agent matrimonial soucieux de sa mission.

Il a suffi, autrefois, de quelques procès intentés à des aventuriers et des marieuses de Paris pour que l'opinion ait pu être ébranlée sur ces agences qui sont d'autant plus en vue qu'elles sont rares.

Je dis qu'elles sont rares, parce qu'il n'en existe que quelques-unes de sérieuses en France, organisées de façon à inspirer toute la confiance qu'on est en droit d'exiger en matière aussi délicate.

Il y a, en effet, à Paris, une nuée de bohémiennes, marquises ou comtesses défroquées, femmes d'affaires, tripoteuses, enjoleuses et surtout marieuses.

Le discrédit n'est venu, il y a quelques années, que par la réputation de ces femmes sans feu ni lieu, habitant la plupart des hôtels meublés, vivant au jour le jour, et dont la police s'empare à l'occasion.

Ces sorcières de Macbeth emploient des moyens assez habiles pour tendre des piéges aux ignorants. En voici un entr'autres qui leur réussit quelquefois :

On lit dans les journaux une annonce qui subit quelques variations comme libellé, mais dont la nuance est généralement la même.

MARIAGES. — Une jolie orpheline, 20 ans, dot 100,000 fr., épouserait un jeune homme bien élevé. — Qualités et considération exigées. — S'adresser : Mme Emilie *ou* X..,, n° 24, poste restante, Paris.

Qu'en résulte-t-il? C'est qu'une pluie de lettres arrive à l'adresse de Mme Emilie *ou* à l'X..., n° 24, poste restante.

La marieuse va les retirer et revient s'entendre avec d'autres commères, ses complices, qui habitent différents quartiers de Paris.

Selon la qualité, le style, la fortune, la tenue du solliciteur, la dame choisit le salon plus ou moins meublé d'une accolyte, et emploie tous les moyens de persuasion pour obtenir à l'avance un cadeau quelconque.

J'ai perdu un mois à visiter ces aventurières auxquelles je donnais des rendez-vous pour les étudier et, au besoin, pour les reconnaître si un jour elles venaient se présenter à mon office. Il m'eût été difficile d'additionner les millions qu'elles m'ont promis en mariage et les demandes de cadeaux en argent ou en bijoux qu'elles ont tenté de m'escamoter.

J'ai sacrifié environ deux cents francs en timbres-poste pour collectionner leurs lettres en répondant aux annonces anonymes des journaux. C'est ainsi que j'ai pu découvrir que deux individus ayant la prétention de s'occuper de mariages, ne sachant comment répondre aux solliciteurs qu'ils avaient attiré se servaient de mes circulaires et de mes formules d'annonces, et copiaient textuellement mes lettres, moins l'orthographe.

L'un de ces plagiats a poussé plus loin la stupidité. Il a osé, sans rire, demander à mon imprimeur s'il ne pouvait lui céder quelques centaines de mes circulaires. L'auteur de cette grotesque naïveté se charge *d'indiquer les mariages*, dit-il. Il a baptisé son officine d'un nom qu'il a dû copier sur une enseigne à Purgerot-les-Oies. Je suppose qu'il doit savoir lire et écrire aujourd'hui et qu'il rédige lui-même ses prospectus.

Le choix d'un mandataire sérieux est donc essentiel dans une institution qui exige autant d'aptitudes spéciales.

Pour diriger une Agence matrimoniale,

Il faut être marié;

Il faut posséder une instruction et une éducation qui ne laissent rien à désirer;

Il faut connaître à fond la société civile et militaire;

Et pouvoir causer de tout, savoir se présenter partout et avoir des relations considérables.

Les exigences de cette profession sont trop multiples pour qu'une Agence puisse être exploitée par des Dames seules; il est des questions qu'elles ne peuvent résoudre, des confidences qu'elles ne peuvent recevoir et des démarches qui ne sont pas de leur sexe.

Les personnes qui se présentent dans une Agence matrimoniale doivent rencontrer l'affabilité et la distinction réunies à la simplicité.

Une circonstance tout-à-fait fortuite me valut un jour l'honneur de faire la connaissance d'un journaliste éminent et très-populaire, le célèbre et regretté feu Timothée Trimm (Léo Lespès), qui a fait la réputation du *Petit Journal*.

Le spirituel écrivain voulut étudier, *de visu*, le mécanisme de mon institution. Je n'hésitai pas à lui ouvrir mes portes à deux battants.

Quelques jours après je reçus de lui un charmant opuscule ayant titre :

« *Comment on peut se marier.* »

qu'il me dédia comme souvenir de sa visite.

J'attache une importance d'autant plus grande à l'hommage de cette brochure qu'elle est un des derniers ouvrages qu'ait écrit cet auteur aussi aimé qu'estimé.

Je l'offre à mes lecteurs dans le chapitre suivant :

COMMENT ON PEUT SE MARIER.

Par TIMOTHÉE TRIMM.

HOMMAGE DE L'AUTEUR

A M. ET Mlle DERIS.

PRÉFACE.

Le mariage n'est pas seulement un sacrement ; c'est aussi une difficulté.

Cent obstacles viennent se dresser devant le chef de famille pour mettre le plus souvent sa perspicacité dans l'embarras et sa prudence en éveil.

J'ai été bien des fois témoin de ces petits soucis de familles honnêtes qui ne veulent rien livrer au hasard, surtout quand il s'agit du bien-être de leurs enfants et de l'honorabilité de leurs alliances.....!

J'ai écrit le présent livre pour les gens qui se veulent marier avec toutes les garanties nécessaires à l'accomplissement des devoirs des grands parents.

Et j'ai la confiance d'avoir rendu un ser-

vice, si j'ai pu tout à la fois faire justice d'un préjugé qui a fait son temps et ouvrir aux familles une voie nouvelle.

TIMOTHÉE TRIMM

(LÉO LESPÈS).

Comment on peut se marier.

PARMI les préoccupations des chefs de famille, il en est une des plus sérieuses, c'est l'avenir de leurs enfants. Tant que durent les beaux jours de la première jeunesse, la route est facile, toute droite, bordée de ces buissons de roses, qui, s'ils ont leurs aromes, ont aussi leurs épines.

Les doux labeurs du collége et du pensionnat sont réglés à l'avance. Le néophyte dans la vie, avance sur un terrain sûr, dès longtemps nivelé, et les couronnes scolaires viennent orner les jeunes têtes qui ont vaincu les difficultés de la science.

Mais quand les études sont achevées; quand notre jeune maître est grand comme son père; quand Mademoiselle est revenue du pensionnat avec tous les prix et tous les mérites, alors se présente le carrefour de la vie humaine, le sentier à routes multiples. Les voies sont nombreuses, les chemins semblent tous charmants. Ils ne manquent ni de cette herbe fleurie, ni de ces oiseaux enchanteurs dont parle le poète latin; ils sont tous pleins de tentations. Le carrefour, ces sentiers multiples qui laissent souvent le chef de famille dans l'embarras du choix, c'est l'heure du mariage.

On appelle encore aujourd'hui le mariage, *le plus beau jour de la vie.* Et on a raison; le premier jour est en effet plein de douces promesses, de ravissantes espérances. La croyance populaire accorde à cette félicité plus d'un jour. — On cite la lune de miel, c'est-à-dire un mois entier de pures et ineffables félicités. Que fait-on des vieilles lunes de miel, demandait-on à Méry ? On en sucre le café des époux mal assortis, répondait plaisamment le poète marseillais. Là, en effet, est la grande question du bonheur dans le ménage.

L'ancien opéra comique qui chantait :

> Il faut des époux assortis
> Pour les liens du mariage,

répandait avec le charme de la musique naïve de nos pères, une incontestable vérité. Mais, à l'époque où le mariage fixe à tout jamais l'avenir de nos enfants, qui décidera si une union est convenable sous tous les rapports ? C'est ce que je veux examiner rapidement.

La nécessité absolue de réglementation antérieure à l'union est depuis longtemps reconnue dans notre société moderne. Le mariage se faisait chez les Celtes par la présentation d'un vase d'eau aux prétendants, faite par la jeune fille. Celui qui recevait le vase était proclamé l'époux. Dans l'ancienne Bohême, le mariage s'accomplissait par le bris d'une cruche. Dans le Groënland, quand on demande une fille en mariage, elle s'enfuit dans la montagne où elle se coupe les cheveux en signe de désespoir.

Nous n'avons pas ces mœurs primitives et barbares.

La Bible nous montre les filles de Laban, des filles à marier, charmantes fleurs vivantes écloses dans ce splendide Orient où les grands drames bibliques se sont manifestés. Jacob est épris de Rachel ; il travaillera sept ans pour la posséder, et au bout de sept ans on lui donne non Rachel, mais bien Lia, la cadette.

Le prétendu ne se décourage pas ; il travaille sept ans encore et reçoit, à la fin, le prix de son dévouement.

Ces grandes épreuves se sont renouvelées en France au temps de la chevalerie.

Un paladin partait pour la Terre sainte, armé de pied en cap pour combattre les infidèles, et recevait au départ le serment de constance de celle dont il portait les couleurs.

Les années s'écoulaient, le temps fuyait, les demoiselles ne se mariaient pas. Elles attendaient le vaillant croisé qui devait rapporter avec son cœur sincère, les précieuses reliques de la Terre sainte. Et ces mariages, sanctifiés par la constance et la confiance réciproques, ont été l'honneur des familles de France.

Aujourd'hui que Jérusalem est ouverte à

tous les souvenirs et qu'on va en Terre Sainte... par le chemin de fer, les mariages ont changé d'origine. Ils se font généralement par intermédiaire.

Ce n'est pas que ce rôle d'intermédiaire matrimonial soit nouveau; nous le trouvons plein de dignité et de dévouement aux premiers siècles de l'Histoire de France.

On trouve ce qui suit dans l'*Histoire dc l'établissement de la monarchie dans les Gaules :*

« Clovis, qui recherchait Clotilde, envoyait souvent des ministres en Bourgogne.

« Mais, comme ils ne pouvaient approcher de cette princesse, il prit enfin le parti de charger un Romain, nommé Aurélien, de la commission de la voir et d'apprendre d'elle-même ses sentiments sur le dessein qu'il avait de l'épouser.

« Il donna à cet effet l'un de ses anneaux à son agent pour lui tenir lieu de lettre de créance. Aurélien se déguisa en pauvre mendiant et s'en fut à Genève où Clotilde et sa sœur faisaient leur résidence,

« Ces princesses, qui pratiquaient l'hospitalité envers les pauvres, reçurent Aurélien dans le lieu destiné pour y pratiquer la charité. Tandis qu'on lui lavait les pieds, il trouva moyen de dire à Clotilde, sans être entendu que d'elle : « Princesse, j'ai des affaires im-
« portantes à vous communiquer, si vous
« pouvez me donner une audience secrète. »

« Quand elle se fut tirée à l'écart, Aurélien lui dit : « Clovis, roi des Français, m'envoie
« vous prier d'agréer qu'il vous demande en
« mariage. »

« En même temps, il lui présenta, comme un garant certain de sa mission, l'anneau de son maître. Clotilde prit cet anneau avec joie et, après avoir donné en échange le sien et quelques sols d'or à Aurélien dont elle ignorait la condition, elle lui répondit : « Retournez « vers votre maître, et dites-lui que s'il me « veut épouser, il faut qu'il me fasse inces- « samment demander à Gondebaud, et s'il « se peut que l'affaire soit conclue avant qu'A- « ridius, ministre du roi des Bourguignons, « soit de retour de Constantinople où mon « oncle l'a envoyé. Si cet Aridius revient « avant que l'affaire soit terminée, il pourra « bien la faire échouer. »

« Aurélien s'en revint chez lui toujours déguisé en pauvre. Son dessein était apparemment d'y reprendre ses habits ordinaires pour se rendre ensuite à la cour de Clovis.

« Il arriva une aventure assez plaisante à l'ambassadeur dans le temps qu'il n'était pas éloigné de son château bâti sur les confins du territoire d'Orléans.

« Dans la route, il s'était accosté d'un mendiant, et tandis qu'il dormait, ce mendiant lui déroba la besace où étaient, entre autres choses, les sols d'or que Clotilde avait donnés, et s'enfuit.

« Aurélien fut très-fâché a son réveil de se trouver ainsi dévalisé ; mais, comme il n'était pas loin de chez lui, il gagna sa maison en diligence d'où il envoya de tous côtés ses domestiques chercher le voleur qu'il leur désigna si bien qu'ils le reconnurent et l'amenèrent à leur maître.

« Il se contenta de lui faire essuyer pendant trois jours le châtiment ordinaire des esclaves, et au bout de ce temps, il lui permit de s'en aller.

« Peu de jours après, Aurélien vint à Soissons rendre compte à Clovis de ce qui s'était passé à Genève, et lui rendit exactement la réponse de Clotilde. On sait qu'elle fut la sainteté de cette union. »

L'intermédiaire en mariage ne se travestit plus en mendiant comme le représentant du roi Clovis. C'est généralement dans la société actuelle une femme qui, d'après ses meilleures amies, *a la manie de marier*. Elle possède comme les fées des *Contes de Perrault*, un assortiment de princes charmants. Elle agit dans les meilleures intentions, avec le plus complet désir de faire des heureux dans les deux familles.

Mais il arrive trop souvent des déceptions pour pouvoir affirmer que l'intermédiaire de la bonne dame soit toujours heureux.

Or, il s'est établi il y a déjà un demi-siècle. en Europe, une profession longtemps discutée en France, mais reconnue depuis longtemps en Amérique et en Angleterre. C'est la profession d'*agent matrimonial.*

C'est une sorte de représentant des familles, qui cherche à sauvegarder tous les intérêts. Il agit avec le concours des officiers ministériels les plus sérieux. Il suit une négociation en s'entourant de tous les renseignements désirables ; et il demeure absolument inconnu aux parties contractantes.

L'un des grands talents des agents matrimoniaux américains, c'est l'art avec lequel ils mettent les futurs époux en présence l'un de l'autre.

On cite dans le *Matrimonial Register,* de Philadelphie, une anecdote très-singulière.

« Une jeune Américaine d'une grande beauté et de haute fortune était veuve depuis six mois, et pleurait sincèrement son mari défunt. Elle se rendait tous les jours au cimetière et passait une heure devant le mausolée élevé à la mémoire de son époux regretté.

« Elle vit un jour qu'un étranger était agenouillé sur le marbre en même temps qu'elle. L'inconnu y était chaque jour, avec la même attitude de vénération pour le mort. Ce n'était pas le galant soldat de la matrone d'Ephèse souriant à travers la visière de son casque d'acier. C'était un homme du meilleur monde, silencieux, recueilli, se retirant chaque jour sans proférer une parole.

« Il arriva une fois une pluie torrentielle. L'ondée n'épargne rien ; ni les palais, ni les cimetières.

« L'ondée tombait comme des larmes gigantesques des branches effarées des cyprès. L'étranger avait un parapluie ; il l'offrit, il alla le chercher. Et, je ne sais pas comment cela se fit : *après la pluie vient le beau temps,* dit le proverbe, et six mois après, il épousait la belle et opulente veuve.

« Vingt ans plus tard, les époux étaient devenus des gens raisonnables (reasonable people). Par un jour de pluie, l'époux chauffait ses bottes mouillées au foyer de famille, tout en caressant une demi-douzaine de charmants marmots ; sa moitié lui dit :

— Il pleuvait comme aujourd'hui, quand je vous ai parlé la première fois.

— C'est vrai, répondit le mari.

— C'était sur la tombe de mon défunt.

— C'est encore vrai, continua l'époux.

— Mais, à propos, que je te fasse une question que je n'ai jamais pensé à te faire..., d'où connaissais-tu donc le défunt ?

— Moi, exclama notre homme, je ne le connaissais pas du tout.

« C'était un agent matrimonial qui avait donné à son client l'indication du cimetière. Moyen quelque peu excentrique, mais qu'excusent les mœurs originales du Nouveau-Monde. D'ailleurs, il s'agissait d'une veuve en pleine possession de sa liberté. »

Dans les mariages contractés par l'intermédiaire d'amis de la famille, la première entrevue reste toujours une première difficulté. Pour les familles qui vont dans le monde, on possède la ressource des bals et soirées.

Dans la cérémonie des mariages effectués, on songe déjà à établir la demoiselle d'honneur. La première entrevue est plus difficile pour les familles qui vivent dans une modeste retraite. Il s'est trouvé des jeunes gens qui se sont rencontrés pour la premiére fois dans une gare de chemin de fer ; d'autres, dans des loges contiguës au théâtre. Il est également nécessaire de consigner ici un progrès né d'une invention moderne : le portrait photographié.

La photographie a plus fait pour le mariage que tous les demi-dieux qui formaient, au temps mythologique, le cortége du dieu Hymen.

L'agent matrimonial date en France, des derniers temps du premier Empire.

Il s'établit, en effet, vers l'an 1815, une agence rue Saint-Augustin, n° 34. Le chef de cette administration se nommait Villaume. Il était seul et créateur de la spécialité. M. de Jouy, dans l'*Ermite de la Chaussée d'Antin*, lui consacrait quelques lignes.

Il était si habile, qu'on affirmait qu'il eût *pu marier le grand Turc avec la République de Venise*, laquelle n'est pourtant pas une épouse docile, car elle a divorcé avec les doges dont elle reçut pourtant le somptueux anneau.

Depuis ce temps, la profession d'agent matrimonial a vu augmenter ses titulaires, et elle a été reconnue légale par les cours et tribunaux.

En tous temps, et j'ai été moi-même dans cette erreur, on s'est imaginé que l'agent matrimonial avait sous clef un escadron de dames ou de demoiselles qu'on pouvait regarder par le trou de la serrure. Avec un peu de réflexion, on est amené à la certitude que les choses ne se passent pas ainsi.

Voici ce qu'en dit un auteur contemporain :

« L'agent matrimonial a des correspondants dans tous les chefs-lieux de départements. Il est en relation avec presque tous les notaires de France qui le tiennent au courant des différentes dots de leur ressort.

« L'agent matrimonial est le seul homme de France qui pourrait dire approximativement à quel chiffre montent, année commune, toutes les dots réunies de notre pays.

« Un monsieur, désire se marier; il est substitut, avocat-général, officier, conseiller ou négociant, il va trouver l'agent matrimonial qui commence par lui demander son âge, sa profession, ses prétentions. Après cette première visite, le devoir de l'agent est de prendre des informations sur la personne dont il a écouté les propositions.

« Si le résultat de ces informations est satisfaisant, l'agent assigne un nouveau rendez-vous au personnage en question et lui propose différents partis.

« Quand on est tombé d'accord sur tous les points, l'agent matrimonial se charge de mettre le Monsieur en rapport avec la dame ou la demoiselle sur laquelle s'est arrêté le choix du futur épouseur. Et il arrive à ce résultat, sans que la dame ou la demoiselle se doute qu'un intermédiaire a ménagé les entrevues.

L'auteur de *Paris-Mariage*, qui connaît à fond la matière qu'il traite, ajoute à propos de cette profession d'agent matrimonial : « Sur vingt mariages qui se font à Paris, cinq au moins sont faits par l'agent matrimonial. Et il faut même ajouter que ces mariages-là sont plus sûrs et plus solides que les mariages de même nature, c'est-à-dire les mariages d'argent qui se font par l'entremise d'amis ou de connaissances.

« Les amis peuvent avoir intérêt à dissimuler la vérité à l'un des deux partis ; ils peuvent agir avec légèreté ; l'agent, au contraire, a sa réputation à conserver, et de plus, il a une connaissance approfondie de la chose. »

J'avais lu ces lignes rectificatives d'un préjugé très répandu, quand il m'arriva d'être invité à la noce de la fille d'un de mes amis.

Le dîner et la fête avaient lieu dans le splendide hôtel du père de la demoiselle.

Les invités étaient nombreux et les violons jouaient juste, ce qui est de bon augure pour un ménage qui doit vivre d'*harmonie*.

J'avais pour voisin un homme charmant, un notaire de province, gai comme le notaire de mon camarade, le chansonnier Nadaud.

— Ils sont heureux, me dit-il, et comme disait Baour-Lormian :

Tous deux aux lueurs d'un flambeau,
Que d'une main pudique agite l'Hymenée,
Ils serrent pour jamais sa chaîne fortunée.

— Ils méritent de l'être, ajouta-t-il ; mais savez-vous qu'ils doivent leur bonheur à un simple agent matrimonial dont ils ignoreront toujours le nom.

Et le notaire citateur continua par ces vers classiques :

L'Hymen a préparé les pompes triomphales
Pour elle, il embellit la robe nuptiale,
Et par l'anneau béni, consacrant ses désirs,
Lui fait d'un saint devoir le plus doux des plaisirs.

L'agent matrimonial avait préparé l'union, amené les deux familles à se connaître et à s'estimer, — et il n'avait pas un simple bout de table au festin !

Et il n'avait pas la moindre place dans le cotillon du bal de noces !

J'en étais à cette partie de mon éducation sur la profession très-libérale d'agent matrimonial, quand les premières chaleurs de l'été me forcèrent à aller demander aux ormes et aux châtaigniers de la banlieue de Paris, un peu de leur ombrage.

Je m'intéressais à la vigne, légèrement mordue par les dernières gelées. Je constatais que les cerises n'étaient point atteintes et que les fraises commençaient à rougir sous les baisers du soleil, cet heureux époux de la nature.

J'ai pour voisin un couple qui n'habite que le dimanche une charmante petite villa aux volets verts, couleur d'espérance, aux géraniums de pourpre pavoisant la porte d'entrée.

Ce sont des époux laborieux, occupés toute la semaine dans la grande cité et se délassant dans le repos dominical, de leurs fatigues quotidiennes.

Je ne suis pas *voisineur*, comme disent les concierges de Paris. Je vivrais dix ans sur le même carré qu'un locataire, sans m'inquiéter de son nom ou de sa profession. — Je n'aurais donc jamais connu mes voisins de campagne sans un incident de bien petite importance, mais qui devait nous mettre en relations directes.

Un beau matin, un visiteur entra dans ma chambre sans se faire annoncer, sans donner son nom au portier. Il entra tout simplement par la fenêtre. Il était doux comme un ange, ailé comme un amour.

C'était un pigeon.

Je pratiquai à la hâte les devoirs de l'hospitalité; j'émiettai mon pain devant lui. Il me donna quelques coups de bec par politesse. Et il voltigeait de ci de là, faisant, à la façon du comte Xavier de Maistre, un *Voyage autour de ma Chambre,* quand on frappa à ma porte.

C'était son maître, mon voisin de campagne, se présentant pour réclamer le fugitif.

Mon visiteur m'annonça qu'il se nommait Deris et qu'il était directeur d'une agence matrimoniale.

Je tenais donc un homme de la spécialité. J'allais enfin savoir comment la profession pouvait être utile à chacun et à tous.

Seulement, comme un petit journaliste n'abdique jamais ses droits, je dis à mon voisin en riant :

— Vos ramiers sont mal unis; voilà un époux qui m'a tout l'air d'un volage.

M. Deris me répondit sur le même ton :

— Ce n'est pas moi qui les ai mariés.

J'ai donc appris comment l'agent matrimonial exerce son ministère.

Ce que la *dame marieuse,* dont j'ai parlé plus haut, ne saurait faire, il le fait. Il se rend un compte exact de tout ce qui intéresse les familles. Il se renseigne sur la parfaite honorabilité des futurs époux, et il acquiert les documents les plus certains sur le chiffre exact, réalisable en écus, représenté en propriétés sans hypothèques, des fortunes respectives. Aucun lien d'intimité, aucune attache officielle ne le retient et ne lui défend une mystérieuse, mais sérieuse investigation.

Le silence le plus absolu, le secret le plus éternel, entourent ces négociations discrètes.

Cette façon de procéder a encore un avantage énorme pour les personnes intéressées. Dans les coutumes ordinaires, le prétendu a parfois la confusion d'être refusé; souvent même une jeune fille, dont l'union un moment rêvée est ajournée ou compromise.

L'agent matrimonial n'expose point à de semblables déconvenues. Si le mariage ne se fait pas, les personnes en cause ignorent elles-mêmes qu'elles ont été le sujet de projets conçus.

Et quand l'union est accomplie avec la prudence que l'on doit apporter dans cet acte important qui s'appelle le mariage, les époux ignorent eux-mêmes le nom du modeste agent auquel ils doivent leur félicité.

Je dois dire ici, à la louange de M. Deris dont j'ai visité et étudié l'organisation, qu'il a étendu, consolidé, moralisé la profession qu'il exerce.

L'agent matrimonial ne peut avoir pour correspondants que des hommes : prêtres, notaires, avoués, etc. Il lui est difficile de s'adresser à la partie la plus intelligente de la population, aux dames.

Il a donc eu l'heureuse idée de s'adjoindre sa femme, Mme Deris, mère de famille, qui correspond avec les dames chargées des intérêts matériels et moraux de celles de leurs amies qui désirent se marier.

Cette collaboration a été très-utile, et le nombre de mariages dus à la participation d *Madame* et de Monsieur Deris en est la preuve la plus convaincante.

Le mariage fut de tout temps en honneur dans notre beau pays de France.

Ce sont, disait un philosophe moderne, les célibataires et les vieilles filles qui font dégénérer les forces de la patrie. quand il s'agit de se montrer en nombre devant l'ennemi.

— On a beau rire, écrivait la spirituelle Mme de Girardin, faire des vaudevilles, des physiologies et des chansons contre l'hymen ; il y a dans le mariage un prestige indestructible.

Le grave Montaigne a dit à son tour :

— C'est une religieuse liaison et dévote, que

le mariage, *voyla pourquoi le plaisir qu'on en tire ce doibt être un plaisir retenu, sérieux et meslé à quelque austerité.*

Enfin, la grande voix de saint Jérôme se fait entendre :

Je loue le mariage parce qu'il enfante des vierges; c'est une épine qui porte des roses, c'est une terre qui produit de l'or.

Donc, tout propagateur sincère, probe, intelligent, discret des doctrines du mariage rend des services tout à la fois à l'intérêt privé, et à l'intérêt général. Il est un ami utile auquel on peut s'adresser, assuré qu'on est de trouver en lui intégrité, zèle et discrétion.

M. et Mme Deris ont pris pour devise d'un opuscule un signe modeste : Le Trait d'Union. — Ce n'est point une partie du discours, c'est une simple marque de ponctuation. Mais il sert à unir certains mots qui gagnent en énergie, en puissance, à cette harmonie.

N'est-ce pas un peu là le rôle utile, quoique volontairement effacé, de l'agent matrimonial. Et cela ne donne-t-il pas envie de faire la connaissance de Mme et de M. Deris. Ils sont d'aimable accueil : quand on les a vus, on veut les revoir.

Le pigeon que jai reçu chez moi a plus d'une fois quitté le colombier ; il y est toujours revenu !

TIMOTHÉE TRIMM

(LÉO LESPÈS.)

POURQUOI NE SE MARIE-T-ON PAS

Pourquoi ne se marie-t-on pas?

ANDIS que les nations qui nous environnent, les Anglais et les Allemands voient leurs habitants s'accroître dans de notables proportions, les recensements accusent en France un état presque stationnaire ce qui finit par nous constituer une infériorité relative.

Les riches, en province surtout, retardent le mariage de leurs filles toujours par question d'intérêt ou d'éloignement; les pauvres hésitent parce qu'ils craignent la famille et la misère.

Dans une ville, siège d'une sous-préfecture du Nord, un de mes correspondants m'a désigné une cinquantaine de jeunes filles ayant de belles dots et dont la moyenne comme âge est de 23 ans.

Ces demoiselles ne se marient pas parce que dans la ville ou les environs qu'elles habitent, elles ne peuvent pas choisir à leur goût, et comme il n'est pas inscrit sur la porte d'un père de famille que Mademoiselle désire un avocat, un docteur en médecine, ou un négociant ; quand se mariera-t-elle, si un candidat ne devine pas ce qu'on attend ?

Voilà pourquoi une quantité considérable de jeunes filles coiffent Sainte-Catherine.

Un autre motif est aussi la cause d'un retard

dans les mariages ; il arrête souvent la décision des parents : c'est l'éloignement.

Cependant, il est traditionnel que la paix et la tranquillité d'un ménage ne sont assurées, qu'autant qu'on sait se séparer d'un beau-père ou d'une belle-mère. Rien de plus naturel que de marier sa fille près de soi dans le pays qu'on habite. Ce sentiment d'affection est bien légitime, mais est-ce une raison assez majeure pour retarder l'union d'une enfant jusqu'à 25 ou 30 ans parce qu'on a résolu de l'établir dans le même pays ?

Avec les moyens de communication et de locomotion actuels, il devrait peu importer que les jeunes époux découvrent leur avenir à Pontoise ou à Carpentras pourvu qu'ils soient heureux, que leur bien être matériel soit assuré !

Nous aimons tous les sensations agréables.

Est-il un plaisir plus grand pour un père, pour une mère que les préparatifs d'un voyage pour aller embrasser les jeunes époux, et plus tard les petits enfants, et quelle fête pour ceux qui les attendent !

Il faut savoir se séparer pour éprouver le plaisir de se revoir !

LA MISSION
DE L'AGENT MATRIMONIAL.

La Mission de l'Agent matrimonial.

Je veux prouver à tous ceux qui ont des préjugés contre la profession matrimoniale *qu'il n'existe aucune différence entre l'agent rétribué qui fait les mariages, et les personnes de la société qui semblent offrir le concours de leur intermédiaire d'une façon gratuite.*

Je vais appuyer ma théorie sur des preuves irréfutables.

Beaucoup pensent que les sentiments d'estime et d'affection ne peuvent naître dans le mariage qui est négocié par une agence matrimoniale.

Que se passe-t-il donc de plus extraordinaire avec cet intermédiaire, plutôt qu'avec un parent ou un ami. Cherchons par un exemple à établir la différence :

Un père dit à un de ses amis, moitié sérieusement, moitié en l'air : je voudrais bien marier ma fille avec un industriel, ayant de 25 à 35 ans, puisque le notaire que nous rêvions ne se présente pas.

Je donne à Isabelle cent mille francs, et vous connaissez ses espérances. Tâchez, mon cher, de trouver ce parti, vous qui avez des relations.

Voilà l'ami chargé du mariage. — Voyons ce qu'il fera après cette confidence.

Il en parlera à sa femme en rentrant chez lui. Madame lui répondra peut-être : Charles, crois-moi, ne t'occupe donc pas de cela ; (*sic*) les mariages divisent les familles et les amis ; ou bien s'il trouve un parti, voyons comment il procédera :

Il rencontre au cercle son ami Pierre, négociant ; il lui parle de Mademoiselle Isabelle pour son fils ; le père répond : j'en parlerai à Robert. Celui-ci accepte ; il est présenté à la famille ; l'accueil est favorable, le mariage est célébré après deux mois de visites cérémonieuses, pendant lesquels les futurs ont échangé à peine un sourire d'un bout à l'autre du salon, pour ne pas compromettre *la majesté de l'étiquette.* Jamais ces époux ne s'étaient vus et ne se seraient connus sans l'intervention d'un ami.

Avaient ils pu, par conséquent, s'aimer ?

Voyons maintenant ce qui serait arrivé si le père eut réclamé mon concours.

J'aurais présenté un notaire (au lieu d'un

négociant) le rêve de la famille aurait été, par conséquent, réalisé sur ce point.

Est-ce que la sympathie avant ou après le mariage, eût été moins grande pour le notaire désigné par moi que pour le fils du négociant marié par M. Charles ?

Et si le notaire avait été refusé malgré mes précautions, on l'eût ignoré dans le monde parce que la discrétion est un culte dans mon office. C'est au contraire l'inverse qui se produit par les parents ou amis ; on répète partout, que le mariage est manqué, parce que.... parce qu'il.... et les cancans vont leur train jusqu'à ce que les suppositions deviennent de la calomnie sur le compte de la fiancée ou du fiancé.

Et la main de Mademoiselle n'est plus sollicitée parce qu'on a répété de tous côtés que Monsieur Chose *n'en a pas voulu ;* c'est ainsi que les bavardages nuisent aux familles.

Avis. — *Ne confiez jamais à qui que soit votre projet de mariage ; attendez que la société l'apprenne par la publication des bans. À ce moment il est quelquefois encore trop tôt de le faire savoir.*

Dans beaucoup de pays, en France particulièrement, on a la déplorable habitude de faire subir une sorte d'exhibition au futur. Il faut que Jacques, Philippe, l'oncle, la tante, la nourrice, le grand-père, la marraine le trouvent bien, avant de savoir ce que pense Mademoiselle. Cet examen ridicule a toujours pour raison ce motif : *C'est qu'on doit hériter et qu'il ne faut pas déplaire à l'avance à l'oncle ou à la tante d'Amérique.*

C'est par ces exigences qui durent des mois et qu'on appelle, *l'habitude,* que le futur ennuyé remercie les parents.

Mon rôle d'intermédiaire présente des avantages incontestables à d'autres points de vue. Il facilite les personnes qui ont peu ou pas de relations.

Tous les préjugés tombent par le raisonnement suivant :

On ne trouve pas dans ses relations le mari qui convient à Mademoiselle et au lieu d'un négociant qu'on a rêvé, on lui fait épouser un médecin, parce que l'autre, le parti désiré ne se présente pas.

Les mères sont persuadées et persuadent quelquefois à leurs filles, qu'une femme ne pouvant chercher directement un mari, doit accepter le premier qui s'offre, lors même qu'il ne présente pas toutes les garanties qu'on pourrait désirer et qu'en refusant, elles s'exposent à ne plus être sollicitées.

A quoi bon une insinuation semblable

quand on peut choisir un gendre à son gré, en s'adressant à un agent.

Le rôle de l'agent matrimonial est très-ardu, il doit être sufisamment expliqué par les démonstrations qui précèdent. Pour remplir un semblable mandat, il faut mettre en pratique avec conviction ce que je professe : C'est que, pour faire le bonheur de deux personnes à marier, on doit trouver l'harmonie dans le physique, l'âge, la fortune, l'instruction, l'éducation et la religion.

C'est un problème aussi difficile à résoudre pour ceux qui ne font pas une spécialité de cette profession, qu'il est possible pour ceux qui traitent la question du matin au soir.

Dans une plaidoirie remarquable, un célèbre avocat, l'illustre Berryer a fait l'apologie de la profession matrimoniale.

Des gens d'un esprit supérieur occupant les plus hautes positions de l'échelle sociale comme fortune, malgré leurs relations, ne dédaignent pas de s'adresser à moi ; c'est la meilleure preuve que je puisse invoquer contre ceux qui pensent que ce sont les déclassés, ou les ignorants qui ont recours à mon intermédiaire.

Les progrès rapides faits depuis quelques années par cette institution, témoignent hautement de ses bienfaits et de ses avantages.

Combien de familles doivent le mariage de leurs enfants à l'intervention inconnue d'un agent matrimonial !

Il me faudrait écrire autant de lignes que Ponson du Terrail, pour répondre aux questions intelligentes ou saugrenues, qui m'ont été adressées depuis cinq ans.

Il en est une entr'autres qui se reproduit

si souvent, que je crois devoir y répondre par la publicité de cette brochure.

On me demande où sont les jeunes filles qui peuvent se marier par mon intermédiaire, si on pourra les voir, leur parler, et si la présentation sera faite dans les vingt-quatre heures ; quelques-uns même voudraient posséder leur photographie.

Je réponds toujours invariablement que les jeunes filles sont chez leurs parents ; qu'on ne les rencontre pas dans mes salons, comme l'écrivent ou le promettent les marieuses de Paris, dont j'ai parlé précédemment, et que je ne confie jamais à qui que ce soit les photographies qui peuvent être mises à ma disposition.

La présentation d'un candidat et la réussite d'un mariage sont subordonnés à une foule de circonstances qui varient selon les cas.

Pour chaque personne à marier, il y a une façon nouvelle de procéder, parce que Dieu n'a pas créé dans l'espèce humaine, deux êtres absolument semblables, ayant les mêmes goûts, les mêmes désirs.

Tous ceux qui se flattent de savoir escamoter les préliminaires qu'exigent l'enquête et les convenances qu'on ne peut éviter dans la bonne société, trompent par ignorance ou par calcul les personnes à qui ils font cette déclaration.

On ne peut promettre que trois choses :

1° La discrétion absolue ;

2° Des renseignements précis et une fortune équivalente ;

3° L'embarras du choix quand on possède une véritable organisation.

Ces dernières réflexions établissent d'une façon précise le rôle de l'Agent matrimonial.

Elles mettront fin, je l'espère, aux hésitations des gens d'esprit et éclaireront ceux qui éprouvent de la défiance.

J'ai toujours répondu avec bienveillance aux nombreuses questions qui m'ont été posées. Des malins, que j'ai rapidement démasqués, sont venus m'interroger pour tirer parti de mes communications en ouvrant des officines plutôt que des offices. Je ne puis que les féliciter s'ils sont capables et dignes.

Plus il y aura d'Agences matrimoniales dirigées par des hommes éclairés, honnêtes, intelligents, plus il se fera de mariages et plus la prospérité de la France et le nombre de ses défenseurs augmenteront.

Le mariage est un bienfait non-seulement au point de vue moral mais au point de vue commercial; il n'y a pas de branches d'industrie qui ne s'en ressente, depuis le producteur jusqu'au boutiquier.

Articles principaux du code civil sur le mariage.

Art. 144. — L'homme avant dix-huit ans révolus, la femme avant quinze ans ne peuvent contracter mariage.

Art. 145. — Néanmois il est loisible au Pouvoir d'accorder des dispenses d'âge pour des motifs graves.

Art. 146, — Il n'y a point de mariage quand il n'y a point de consentement.

Art. 147. — On ne peut contracter un second mariage avant la dissolution du premier, et avant dix mois révolus de cette dissolution.

Depuis la suppression du divorce, le mariage

ne se dissout que par la mort de l'un des deux époux, ou par la condamnation à vie de l'un des époux à une peine emportant la mort civile.

Art. 148.—Le fils qui n'a pas atteint l'âge de vingt-cinq ans accomplis, la fille qui n'a pas atteint l'âge de vingt et un ans accomplis, ne peuvent contracter mariage sans le consentement de leur père et mère. En cas de dissentiment entre ceux-ci, le consentement du père suffit.

Art. 151. — Les enfants de famille ayant atteint la majorité : vingt-cinq ans pour le garçon, et vingt et un ans, pour la fillle, et dont les parents s'opposent opiniâtrement au mariage qu'ils désirent contracter, sont tenus de demander, par un acte respectueux et formel, le consentement de leur père et de leur mère.

Art. 161. — En ligne directe, le mariage est

prohibé entre tous les ascendants et descendants légitimes ou naturels et les alliés dans la même ligne.

Art. 162. — En ligne collatérale, le mariage est prohibé entre tous les ascendants et descendants légitimes ou naturels et les alliés dans la même ligne.

Art. 163. — Le mariage est encore prohibé entre l'oncle et la nièce, la tante et le neveu. Néanmoins il est loisible au Pouvoir de lever, pour des causes graves, ces prohibitions.

Art. 165. — Le mariage sera contracté publiquement devant l'officier de l'état civil du domicile de l'une des deux parties.

Obligations qui naissent du mariage.

Art. 203. — Les époux contracteront ensemble, par le fait seul du mariage, l'obligation de nourrir, d'entretenir leurs enfants.

Ari. 204. — L'enfant n'a pas d'action contre ses père et mère pour un établissement par mariage ou autrement.

Art. 205. — Les enfants doivent des aliments à leurs père et mère et autres ascendants qui sont dans le besoin.

Des droits et des devoirs respectifs des époux.

Art. 212. — Les époux se doivent mutuellement fidélité, secours, assistance.

Art. 213. — Le mari doit protection à sa femme, la femme obéissance à son mari

Art. 214. — La femme est obligée d'habiter avec son mari, et de le suivre partout où il juge à propos de résider; le mari est obligé de la recevoir et de lui fournir tout ce qui lui est nécessaire pour les besoins de la vie, selon ses facultés et son état.

LES HONORAIRES.

Les Honoraires.

J'ABORDE une question délicate qui sert quelquefois d'argument à la critique contre ma profession : c'est la rétribution.

Toute peine mérite salaire; c'est la ritournelle de tous les pays.

Pensez-vous, lecteur, que celui qui dépense son temps, son intelligence, qui fait des voyages d'un bout à l'autre de la France, fait des avances à des auxiliaires, paie une patente et des loyers importants, ait droit à une rétribution pour obliger son prochain dans un acte aussi important que celui qui a nom : le mariage?

Il y a peu d'études d'officier ministériel dont les frais généraux soient plus considérables que les miens. On ne voit pas de clercs circuler chez moi, mais un personnel important et inconnu existe. Et, n'allez pas croire que les correspondants qui m'aident dans mes négociations, mes enquêtes ou mes renseignements m'obligent gratuitement. Ni le rang, ni la fortune de mes intermédiaires ne leur font dédaigner un cadeau soit en espèces, soit en nature après la réalisation d'un mariage.

On n'arrive pas à posséder les noms, les situations de fortune des familles d'un département avec les moyens de se présenter chez elles sans semer de l'or.

On m'objecte que les parents et amis qui forment un mariage n'exigent pas de rétribution. Non, peut-être, mais rarement ils rendent ce service d'une façon désintéressée. — Le négociant, dans l'espoir de vendre le trousseau; le banquier, pour avoir un client; le notaire, pour faire le contrat et les affaires de la famille plus tard; l'épicier, pour avoir les fournitures; l'entrepreneur, pour construire un châlet; le docteur, pour soigner madame; l'agent d'assurances, pour faire une police; la tante, pour avoir un châle; la voisine, pour être de la noce et marier sa fille avec le garçon d'honneur; le concierge, pour recevoir des étrennes; etc., etc.

Tout est calcul en ce monde où rien ne se donne et tout se vend. L'amitié sera, un jour, cotée à la Bourse.

Une poignée de main dans le commerce, me disait un Anglais, coûte une livre sterling.

UNE PETITE ANECDOTE.

Une petite anecdote pour terminer :

LA CHOSE S'EST PASSÉE A ROUEN.

E fus invité, cette année, à dîner chez un riche propriétaire, ami de ma famille.

Pendant le repas, la conversation s'engage sur la chronique locale et scandaleuse ; on parle de mariages. Ma gràcieuse voisine de table, mère de famille, annonce à la société qu'elle vient d'apprendre une nouvelle bien étrange. « — Il n'est bruit « que de cela à Rouen : On dit que Mlle X...,

« qui vient d'épouser M. Z..., a été mariée « par un Agent matrimonial. »

— Vraiment! s'écrient quelques convives; c'est incroyable, disent les autres, M. X... père n'a pu se laisser surprendre sans s'en apercevoir.

« — Oui, c'est très-vrai, répartit ma voi- « sine, on dit même que l'abbé Y... a prêté « son concours et qu'il a accepté une large « aumône pour les pauvres de sa paroisse. « C'est moi qui ne voudrais pas marier ma « fille Marthe comme cela, n'est-ce pas, « Monsieur, que vous êtes de mon avis, fit- « elle en se tournant vers moi ? »

Je me croyais démasqué; j'étais dans mes petits souliers, mais d'un coup d'œil scrutateur, je m'aperçus que ce n'était qu'une fausse alerte.

« — Madame, lui répondis-je, j'ai entendu

« chuchoter comme vous cette petite histoire
« et j'avoue que cet agent a été un habile né-
« gociateur pour arriver, *sans qu'on le sache,*
« à marier ce Monsieur de Paris avec Mlle X...
« Si les époux sont heureux, au fait, quel re-
« proche peut-on lui adresser? »

— Peut-être rien, dit Madame, au point de vue de l'union, mais c'est drôle!

Ce qui l'était beaucoup plus, c'était de me demander mon avis, à moi qui avais dirigé ce mariage.

— C'est drôle, en effet, répondis-je, et prenez garde, Madame, cet entrepreneur de mariages est capable de marier Mlle Marthe à votre insu; ces gens-là entrent partout.

— Je le découvrirai bien, dit-elle...

Ce fut le mot de la fin; *c'était un défi.*

Le lendemain de cette aventure par trop cocasse où j'ai craint un instant d'être découvert, j'expédiai de Paris la note suivante à mes intermédiaires de Rouen :

« Monsieur *ou* Madame,

« Vous êtes instamment prié de découvrir
« dans l'étendue de vos relations, à Rouen, à
« Dieppe ou le Havre, un jeune homme de
« 25 à 30 ans, réunissant physique, instruc-
« tion et antécédents irréprochables, appor-
« tant 50,000 fr. de dot et autant comme es-
« pérances.

« Nous le ferons présenter à une ravissante
« jeune fille, qu'un habitué du square Solfé-
« rino vous fera remarquer à l'heure de la
« musique, sur un signe convenu. Je vous
« indiquerai ensuite les voies et moyens. »

. . . .

Trois mois après cette recommandation,

ma gracieuse voisine de table accordait la main de Mlle Marthe, sa fille, à un jeune homme qui lui avait été présenté par *une amie intime*.

Ma voisine du dîner ne trouva pas le mariage drôle.

Il y avait une perle de moins à l'écrin matrimonial de Rouen et j'inscrivis un succès de plus.

Jules DERIS.

Tournez la page S. V. P.

Pour se marier ou obtenir des renseignements sur les personnes à marier dans toute la France et l'Algérie, écrire:

Mme ou M. Jules Deris.	Paris.
ou	Lyon.
ou	Rouen.

Nota. — Mme et M. Jules Deris, refusent le concours de leur office, aux personnes qui ne sont pas absolument honorables.

Rouen. E. Cagniard, rues Jeanne-d'Arc, 88, et des Basnage, 5.

www.ingramcontent.com/pod-product-compliance
Ingram Content Group UK Ltd.
Pitfield, Milton Keynes, MK11 3LW, UK
UKHW021536260726
13993UKWH00002B/540